キャラクター しょうかい

野原（のはら） ひろし

しんちゃんの お父（とう）さん。

野原（のはら） みさえ

しんちゃんの お母（かあ）さん。

野原（のはら） ひまわり

しんちゃんの 妹（いもうと）。

シロ

しんちゃんの あい犬。

野原一家（のはらいっか）

野原（のはら） しんのすけ

お気楽（きらく）な 5さいの 男の子。
みんなから 「しんちゃん」と よばれて いる。
きれいな おねいさんと チョコビが 大すき。

えんちょうせんせい 園長先生

よしなが先生（せんせい）

まつざか先生（せんせい）

あげお先生（せんせい）

ようち園（えん）の 友（とも）だちと 先生（せんせい）

あいちゃん

しんちゃんに
こいする おじょうさま。

黒磯（くろいそ）

あいちゃんの
ボディーガード。

ボーちゃん

石あつめが しゅみ。

マサオくん

ちょっぴり
なき虫。

風間（かざま）くん

べん強が
とくい。

ネネちゃん

リアルおままごとが
大すき。

アクション仮面（かめん）

しんちゃんが
あこがれる ヒーロー。

埼玉（さいたま）べにさそりたい

スケバン女子高生（じょしこうせい） 3人ぐみ。
本当（ほんとう）は いい人。

カンタムロボ

しんちゃんが すきな
アニメの しゅ人公（こう）。

ぶりぶりざえもん

しんちゃんが つくった
せいぎ(?)の ヒーロー。

この ドリルの つかい方

学しゅうの ながれ

1 「どうにゅうまんが」を 読む!

2 「計算れんしゅうページ」に とり組む!

3 「計算パズル」「おさらいテスト」で ふくしゅう!

4 「かくにんテスト」で たしかめ!

1 どうにゅうまんが

その たん元で 学ぶ 計算を つかった、楽しい オリジナルまんがだよ。

まんがは 左から 右へ、そして、下へ 読もう。

ここで せつ明した ことを れんしゅう するよ。

2 計算れんしゅうページ

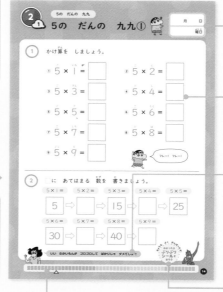

とり組んだ 日にちと 曜日を 書こう。

計算して 答えを 書こう。

「クレヨンしんちゃん」 キャラクターの はげましの(!?) ことばだよ。

ページの 学しゅうが おわったら、「ぶりぶりシール」を ここに はろう!

計算の 学しゅうが どれだけ すすんだかを しめす 「がんばりメーター」だよ。
三角じるしが 右へ いくほど すすんで いるよ。

3 計算パズル・おさらいテスト

たん元に パズルや テストで 計算の おさらいを しよう。

4 かくにんテスト

2年生の 計算の たしかめテストだよ。

おうちの方へ

● お子さんが学習を終えたら、巻末の「こたえのページ」を参照のうえ、丸つけをしてください。

● 「おさらいテスト」に取り組む際は、ページ下部の「みさえの声かけアドバイス」を参考に、お子さんに声をかけてください。

● 各キャラクターのセリフや言い回しは、原作まんがに準じた表現としています。

1 かけ算の じゅんび

バスで
サイタマーランドに
来たゾ!

のりものに のって いる 人は ぜんぶで 何人だ?

①
あれに
のろう‼

②
カップ 回して、
グルグル たいけつ
だ‼

その あとは、
ゲロゲロ
たいけつだ‼

どっちも
イヤだ‼

③
マサオ‼ わたし
たちも、たいけつに
さんせんよ。

いくぜっ。

ちゃんと
すわって。

えっ。

先生、
おりたいな…。

| **1台** 4人 | **2台** 4人 | **3台** 4人 |

のりものに のって いる 人は ぜんぶで　4人を 3回 たすゾ!

$$4 + 4 + 4 = 12$$

答え 12 人

負けねーっ‼

しん様〜♡

グルグルグルグル

うひょー♪

⑤
バイキング

つぎは、あれで
たいけつだ‼

げっそり

ムリムリムリ。

かけ算の いみ①

月　　日

曜日

① 1まいの おさらに 食べものは 何こずつ ありますか。

①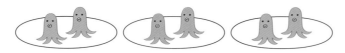

答え □ こずつ

②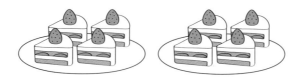

答え □ こずつ

③

答え □ こずつ

④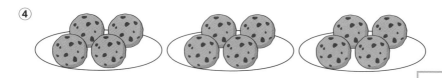

答え □ こずつ

オラたち てっかい 人間に なれそうだね。

おわったら ぶりぶりシールを はろう

①② かけ算の　いみ②

月　日

曜日

---

① □に　あてはまる　数を　書きましょう。

①

１まいの　おさらに　おせんべいが　□　まいずつ
あります。

おさらは　ぜんぶで　□　まい　あるので、

おせんべいは　ぜんぶで　□　まいです。

②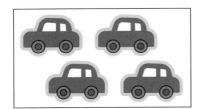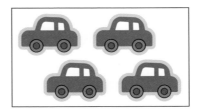

１まいの　画用紙に　シールを　□　まい　はります。

画用紙は　ぜんぶで　□　まい　あるので

シールは　ぜんぶで　□　まい　です。

えらいわ!!　マイ　リトルエンジェル♡

かけ算の いみ③

月	日
曜日	

何この いくつ分かを 考えて みるのだ!

1まいの おさらに チョコビが 3こずつ ある。
おさらは ぜんぶで 2まい ある。

　3こ　　　3こ

このとき、チョコビは ぜんぶで

3 + 3 = 6 と なるよ。

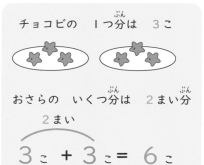

チョコビの 1つ分は 3こ

おさらの いくつ分は 2まい分
2まい
3こ + 3こ = 6こ

---

① 何この いくつ分かを 書きましょう。

① 　　

1つ分の数は 　　いくつ分は □

② 　　　

1つ分の数は 　　いくつ分は

 おさんぽに しゅっぱつ おしんこーっ!

おわったら
ぶりぶり
シールを
はろう

6

かけ算の　しき①

 たいやきの　数を　かけ算の　しきで　計算して　みるのだ！

たいやきが　4こずつ　のった　おさらが　3さら　ある。

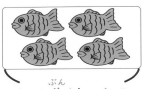 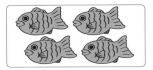 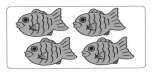

1つ分は　4こ

いくつ分は　3さら

たいやきの　数を　かけ算の　しきで　あらわすと、

$$4 \times 3 = 12$$

と　なるよ。

1つ分の数
＝
かけられる数

いくつ分
＝
かける数

ぜんぶの数

---

① かけ算の　しきを　書きましょう。

かけられる数　　かける数　　ぜんぶの数

しき　□ × □ = □

 ねえねえ　少し　わり引き　しなさいよ。

おわったら
ぶりぶり
シールを
はろう

1
5 かけ算の　しき②

月　　　日

<ruby>曜日<rt>ようび</rt></ruby>

---

① かけ算の　しきを　<ruby>書<rt>か</rt></ruby>きましょう。

① 1さらに　ミートボールが　3こずつ　のった　おさらが
2さら　あります。ミートボールは　ぜんぶで　<ruby>何<rt>なん</rt></ruby>こですか。

 ミートボールは
1さら　<ruby>何<rt>なん</rt></ruby>こ?

| かけられる<ruby>数<rt>かず</rt></ruby> | かける<ruby>数<rt>かず</rt></ruby> | ぜんぶの<ruby>数<rt>かず</rt></ruby> |

しき □ × □ = □

② 1本の　<ruby>長<rt>なが</rt></ruby>さが　5cmの　クレヨンが　あります。
2<ruby>本分<rt>ほんぶん</rt></ruby>の　<ruby>長<rt>なが</rt></ruby>さは　<ruby>何<rt>なん</rt></ruby>cmに　なりますか。

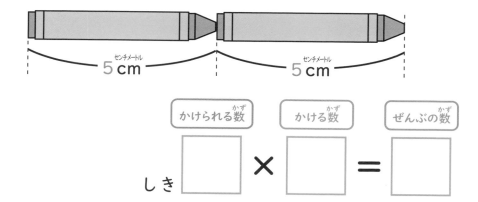

— 5cm —　　　— 5cm —

| かけられる<ruby>数<rt>かず</rt></ruby> | かける<ruby>数<rt>かず</rt></ruby> | ぜんぶの<ruby>数<rt>かず</rt></ruby> |

しき □ × □ = □

 やっぱり　ステキ、しんさま♡　ほかの　<ruby>殿方<rt>とのがた</rt></ruby>とは　ちがいますわん。

おわったら
ぷりぷり
シールを
はろう

△　　　**8**

かけ算の　しき③

 プリンの　数を　かけ算で　計算して　みるのだ!

プリンが　1まいの　おさらに　3こずつ　のって　います。
5さら　あるとき、プリンは　ぜんぶで　何こ　ですか。

プリンの　数を　かけ算の　しきで　あらわすと、

$$3 \times 5 = \boxed{}$$

1つ分の数
＝
かけられる数

いくつ分
＝
かける数

ぜんぶの数

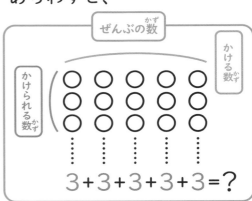

ぜんぶの数

かけられる数

かける数

3+3+3+3+3=?

プリンは
ぜんぶで　$\boxed{}$　こに　なるよ。

---

① バナナが　4本ずつ　入った　ふくろが　4つ　あります。
バナナは　ぜんぶで　何本　ありますか。

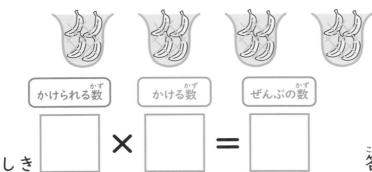

かけられる数　　かける数　　ぜんぶの数

しき　$\boxed{} \times \boxed{} = \boxed{}$　　　答え　$\boxed{}$　本

時どき　あいつが　うらやましく　なる。

おわったら
ぶりぶり
シールを
はろう

かけ算の しき④

① チューリップが　5本ずつ　さいて　いる　花だんが
2つ　あります。花は　ぜんぶで　何本　ありますか。

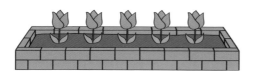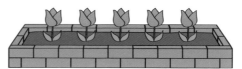

しき □ × □ = □ 　答え □ 本

② 1つの　長さが　4cmの　テープが　3つ　ならんで
います。テープの　長さは　ぜんぶで　何cmですか。

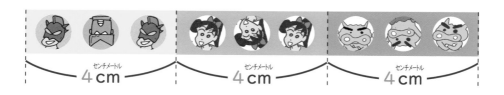

しき □ × □ = □ 　答え □ cm

よかったら　少し　話しませんか？

おわったら
ぶりぶり
シールを
はろう

2つ分、3つ分の ことを 2ばい、3ばいと いうのだ!

5cmの 2つ分の ことは 5cmの 2ばいと いうぞ。

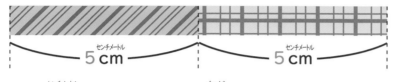

5cm　　　　5cm

5cmの 2ばいの 長さは
5×2の しきに できるよ。

---

① ⑦の テープの 長さは ⑦の テープの 何ばいですか。

① ⑦
3cm

⑦
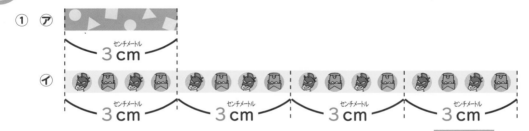
3cm　　3cm　　3cm　　3cm

答え 3cmの ☐ ばい

② ⑦
2cm

⑦
2cm 2cm 2cm 2cm 2cm 2cm

答え 2cmの ☐ ばい

おげんき?

計算パズル ①
線で むすべ!

かけ算の 答えに あう 絵を 線で むすぼう。

キミは どれが いちばん すき〜?

2 × 3 ·	· 

3 × 3 ·	· 

3 × 4 ·	· 

2 × 4 ·	· 

5 × 5 ·	·

2 5の だんの 九九

オラたち 5人が
ふえるゾ!

ネネが いっぱい。

かがみって
おもしろーい。

 5の だんの 九九を おぼえるのだ!

かける数が 1 ふえると、
答えは かけられる数の 5ずつ ふえて いくよ。

かすかべぼうえいたい
も ふえた〜。

あはあは。

$5 × 1 = 5$

1ふえる　5ふえる

$5 × 2 = 10$

1ふえる　5ふえる

$5 × 3 = 15$

1ふえる　5ふえる

おしりも ふえちゃった。

ふやすな!!

$5 × 4 = 20$

1ふえる　5ふえる

$5 × 5 = 25$

1ふえる　5ふえる

$5 × 6 = 30$

1ふえる　5ふえる

$5 × 7 = 35$

1ふえる　5ふえる

$5 × 8 = 40$

1ふえる　5ふえる

$5 × 9 = 45$

5の だんの 九九①

月　日

曜日

---

① かけ算を しましょう。

① 5 × 1 = [　]　　② 5 × 2 = [　]

③ 5 × 3 = [　]　　④ 5 × 4 = [　]

⑤ 5 × 5 = [　]　　⑥ 5 × 6 = [　]

⑦ 5 × 7 = [　]　　⑧ 5 × 8 = [　]

⑨ 5 × 9 = [　]

フレー! フレー!

---

② □に あてはまる 数を 書きましょう。

5×1=	5×2=	5×3=	5×4=	5×5=
5 ⇒	[　] ⇒	15 ⇒	[　] ⇒	25

5×6=	5×7=	5×8=	5×9=
30 ⇒	[　] ⇒	40 ⇒	[　]

 いい わかいもんが ゴロゴロして ばかりじゃ ダメでしょ!!

 きょうも よく がんばったぞ! おわったら ぶりぶり シールを はろう

2 5の だんの 九九②

月 日

曜日（ようび）

---

① □に あてはまる 数（かず）を 書（か）きましょう。

① 5（ごっ） × □ = 45（しじゅうご）

② 5（ご） × □ = 40（しじゅう）

③ 5（ご） × □ = 35（さんじゅうご）

④ 5（ご） × □ = 30（さんじゅう）

⑤ 5（ご） × □ = 25（にじゅうご）

⑥ 5（ご） × □ = 20（にじゅう）

⑦ 5（ご） × □ = 15（じゅうご）

⑧ 5（ご） × □ = 10（じゅう）

⑨ 5（ご） × □ = 5（ご）

すごいね!

---

② しんちゃんたちが いる ところの 数（かず）を 書（か）きましょう。

×	かける数（かず）	1	2	3	4	5	6	7	8	9
かけられる数（かず）	5	5	10		20		30			45

 □

 □

 □

 □

ふっ。オラに さわると かぶれるぜ。

ちょうも よく がんばったぞ!

おわったら ぶりぶり シールを はろう

5の だんの 九九③

① カステラを　5こ　のせた　おさらが
3さら　あります。カステラは　ぜんぶで　何こですか。

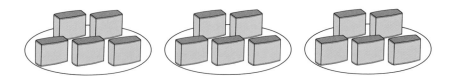

しき　5 × ☐ = ☐　　答え ☐ こ

② チョコビを　5こずつ　5人に　くばります。
チョコビは　ぜんぶで　何こ　いりますか。

しき　☐　　答え ☐ こ

わすれっぽいわね　しんちゃんたら。

おわったら
ぶりぶり
シールを
はろう

しゅっちょう帰りの
父ちゃんの くつ下だゾ!

 2の だんの 九九を おぼえるのだ!

かける数が 1 ふえると、
答えは かけられる数の 2ずつ ふえて いくよ。

$$2 × 1 = 2$$
↓ 1ふえる | 2ふえる
$$2 × 2 = 4$$
↓ 1ふえる | 2ふえる
$$2 × 3 = 6$$
↓ 1ふえる | 2ふえる
$$2 × 4 = 8$$
↓ 1ふえる | 2ふえる
$$2 × 5 = 10$$
↓ 1ふえる | 2ふえる
$$2 × 6 = 12$$
↓ 1ふえる | 2ふえる
$$2 × 7 = 14$$
↓ 1ふえる | 2ふえる
$$2 × 8 = 16$$
↓ 1ふえる | 2ふえる
$$2 × 9 = 18$$

しゅっちょう
から
帰ったよ。
ただいま～

シュコー
シュコー
何 その
かっこう?

あらって ない
くつ下 1セット
発見!!
こちらも
発見!!

ただちに
せんたくきへ!!
ちゃい。

3 ① 2の だんの 九九①

月　日

曜日

① かけ算を しましょう。

① 2 × 1 =　□　　② 2 × 2 =　□

③ 2 × 3 =　□　　④ 2 × 4 =　□

⑤ 2 × 5 =　□　　⑥ 2 × 6 =　□

⑦ 2 × 7 =　□　　⑧ 2 × 8 =　□

⑨ 2 × 9 =　□

その ちょうし!

② □に あてはまる 数を 書きましょう。

2×1=	2×2=	2×3=	2×4=	2×5=
2 ⇨	□ ⇨	6 ⇨	□ ⇨	10

2×6=	2×7=	2×8=	2×9=
12 ⇨	□ ⇨	16 ⇨	□

 ふー つかれたぁ。

おわったら ぶりぶり シールを はろう

2の だんの 九九②

① □に あてはまる 数を 書きましょう。

① 2 × □ = 18 （じゅうはち）　　② 2 × □ = 16 （じゅうろく）

③ 2 × □ = 14 （じゅうし）　　④ 2 × □ = 12 （じゅうに）

⑤ 2 × □ = 10 （じゅう）　　⑥ 2 × □ = 8 （はち）

⑦ 2 × □ = 6 （ろく）　　⑧ 2 × □ = 4 （し）

⑨ 2 × □ = 2 （に）

きみなら
できる!

② しんちゃんたちが いる ところの 数を 書きましょう。

×	かける数	1	2	3	4	5	6	7	8	9
かけられる数	2	2		6	8		12			18

  □ 　 □ 　 □ 　 □

 雨 ふって 地 かたまる …か。

きょうも よく がんばったぞ!
おわったら
ぶりぶり
シールを
はろう

月　日
曜日

① 公園に　2人　すわれる　いすが　3つ　あります。
ぜんぶで　何人　すわれますか。

しき　$2 \times \boxed{} = \boxed{}$　　答え　$\boxed{}$ 人

② しんちゃんが　シロと　毎日　2時間　さんぽを　しました。
7日　つづけると　ぜんぶで　何時間に　なりますか。

8月 19日 月曜日	8月 20日 火曜日	8月 21日 水曜日	8月 22日 木曜日
8月 23日 金曜日	8月 24日 土曜日	8月 25日 日曜日	

しき　$\boxed{}$　　答え　$\boxed{}$ 時間

キャンキャンキャン。

おわったら ぶりぶり シールを はろう

3の だんの 九九を おぼえるのだ!

かける数（かず）が 1 ふえると、
答（こた）えは かけられる数（かず）の 3ずつ ふえて いくよ。

かけられる数（かず） かける数（かず）

さん いち が さん
$3 × 1 = 3$
1ふえる　3ふえる

さん に が ろく
$3 × 2 = 6$
1ふえる　3ふえる

さ ざん が く
$3 × 3 = 9$
1ふえる　3ふえる

さん し じゅうに
$3 × 4 = 12$
1ふえる　3ふえる

さん ご じゅうご
$3 × 5 = 15$
1ふえる　3ふえる

さぶ ろく じゅうはち
$3 × 6 = 18$
1ふえる　3ふえる

さん しち にじゅういち
$3 × 7 = 21$
1ふえる　3ふえる

さん ぱ にじゅうし
$3 × 8 = 24$
1ふえる　3ふえる

さん く にじゅうしち
$3 × 9 = 27$

3まいセットで
やすかったの。

アクションかめん
おパンツ‼

は…はいて
よかですか?

お風呂（ふろ）
出たらね。

ほーら。

3まい いっぺんに
はいたの?

翌朝（よくあさ）

…で、3まいとも
おもらしで…。

月　日
曜日

① かけ算を しましょう。

① 3 × 1 =

② 3 × 2 =

③ 3 × 3 =

④ 3 × 4 =

⑤ 3 × 5 =

⑥ 3 × 6 =

⑦ 3 × 7 =

⑧ 3 × 8 =

⑨ 3 × 9 =

すごいね!

② □に あてはまる 数を 書きましょう。

3×1=	3×2=	3×3=	3×4=	3×5=

3 ⇒ □ ⇒ 9 ⇒ □ ⇒ 15

3×6=	3×7=	3×8=	3×9=

18 ⇒ □ ⇒ 24 ⇒ □

しわよせに なれよ。

おわったら
ぶりぶり
シールを
はろう
きょうも よく がんばったぞ!

月　日

<ruby>曜日<rt>ようび</rt></ruby>

① □に あてはまる 数<rt>かず</rt>を 書<rt>か</rt>きましょう。

① <ruby>3<rt>さん</rt></ruby> × □ = <ruby>27<rt>にじゅうしち</rt></ruby>

② <ruby>3<rt>さん</rt></ruby> × □ = <ruby>24<rt>にじゅうし</rt></ruby>

③ <ruby>3<rt>さん</rt></ruby> × □ = <ruby>21<rt>にじゅういち</rt></ruby>

④ <ruby>3<rt>さぶ</rt></ruby> × □ = <ruby>18<rt>じゅうはち</rt></ruby>

⑤ <ruby>3<rt>さん</rt></ruby> × □ = <ruby>15<rt>じゅうご</rt></ruby>

⑥ <ruby>3<rt>さん</rt></ruby> × □ = <ruby>12<rt>じゅうに</rt></ruby>

⑦ <ruby>3<rt>さ</rt></ruby> × □ <ruby>が<rt>が</rt></ruby> <ruby>9<rt>く</rt></ruby>

⑧ <ruby>3<rt>さん</rt></ruby> × □ <ruby>が<rt>が</rt></ruby> <ruby>6<rt>ろく</rt></ruby>

⑨ <ruby>3<rt>さん</rt></ruby> × □ <ruby>が<rt>が</rt></ruby> <ruby>3<rt>さん</rt></ruby>

やるじゃないか!

② しんちゃんたちが いる ところの 数<rt>かず</rt>を 書<rt>か</rt>きましょう。

×	かける 数<rt>かず</rt>	1	2	3	4	5	6	7	8	9
かけら れる数<rt>かず</rt>	3	3	6			15	18		24	

 □　　 □　　 □　　 □

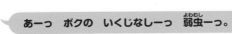
あーっ ボクの いくじなしーっ 弱虫<rt>よわむし</rt>ーっ。

おわったら
ぶりぶり
シールを
はろう

4 ③ 3の だんの 九九③

① 3こ入りの　シュークリームを　4はこ　買いました。
シュークリームは　ぜんぶで　何こに　なりますか。

しき　| 3 | × | | = | |　答え | | こ

---

② みさえが　3まい入りの　パンツを　6セット　買いました。
パンツは　ぜんぶで　何まいに　なりますか。

しき　| |　答え | | まい

 やれやれ。

 きょうも　よく　がんばったぞ！
おわったら　ぶりぶりシールを　はろう

24

計算パズル ②

シロの　おやつだよ～！

つぎの　かけ算の　正しい　答えを　行ごとに
ぬりましょう。何が　出て　くるかな？

シロ、
わたあめ！

① 2 × 3 =	8	3	2 / 9	9	1 / 8	3 / 6	6	2 / 6	9 / 5	10
② 5 × 4 =	26	30 / 9	45	1 / 5	10	20	8	20	20	13 / 20
③ 3 × 1 =	9	12	6	9 / 6	4 / 3	3 / 9	5 / 6	13 / 6	1	3
④ 5 × 5 =	10 / 5	45 / 1	35 / 40	5 / 25	25 / 5	30	20 / 5	30 / 25	25	25 / 10
⑤ 3 × 6 =	13	6	6 / 18	18 / 3	3 / 6	3 / 12	9 / 18	18 / 12	6 / 19	3
⑥ 2 × 7 =	44 / 14	14	14 / 40	5	65	15 / 14	14 / 15	8	54	50
⑦ 3 × 8 =	24	3	20 / 8	20	20 / 24	24 / 14	11 / 8	29	3 / 8	27
⑧ 2 × 2 =	4 / 6	4	10 / 6	1 / 4	4 / 8	2 / 5	2	8	3 / 5	12 / 10
⑨ 3 × 3 =	6	9	3	9	8 / 2	3	6 / 12	12 / 6	12	3 / 15
⑩ 5 × 9 =	30	45 / 2	45	45 / 15	11 / 8	11	8 / 9	5	6	18

おさらいテスト①

3～25ページの　おさらいだゾ！

月　　日

点

---

1 □に　あてはまる　数を　書きましょう。　　1もん　10点

① 2 × 1 = □

② 2 × 3 = □

③ 3 × 5 = □

④ 5 × □ = 25

⑤ 3 × □ = 18

⑥ 5 × 8 = □

⑦ 2 × 7 = □

⑧ 3 × □ = 27

---

2 同じ　答えに　なる　しきを　線で　むすびましょう。

1もん　5点

① 2 × 3 ✵　　　✵ 2 × 5

② 5 × 2 ✵　　　✵ 3 × 4

③ 3 × 6 ✵　　　✵ 3 × 2

④ 2 × 6 ✵　　　✵ 2 × 9

ゆっくりていいから
丁寧に解きましょ。

きょうも　よく　がんばったゾ！
おわったら
ぶりぶり
シールを
はろう

4の だんの 九九

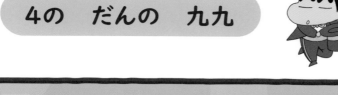

 4の だんの 九九を おぼえるのだ！

かける数が 1 ふえると、
答えは かけられる数の 4ずつ ふえて いくよ。

かけられる数　かける数

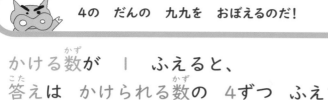

$4 × 1 = 4$
1ふえる　4ふえる

$4 × 2 = 8$
1ふえる　4ふえる

$4 × 3 = 12$
1ふえる　4ふえる

$4 × 4 = 16$
1ふえる　4ふえる

$4 × 5 = 20$
1ふえる　4ふえる

$4 × 6 = 24$
1ふえる　4ふえる

$4 × 7 = 28$
1ふえる　4ふえる

$4 × 8 = 32$
1ふえる　4ふえる

$4 × 9 = 36$

わ!! 四つばの
クローバー!!

またかい!?

いや～ん。

5 ① 4の　だんの　九九①

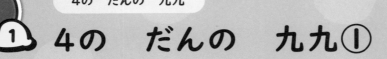

① かけ算を　しましょう。

① 4 × 1 = ☐　　　② 4 × 2 = ☐

③ 4 × 3 = ☐　　　④ 4 × 4 = ☐

⑤ 4 × 5 = ☐　　　⑥ 4 × 6 = ☐

⑦ 4 × 7 = ☐　　　⑧ 4 × 8 = ☐

⑨ 4 × 9 = ☐

もう　ちょっとだゾ！

② ☐に　あてはまる　数を　書きましょう。

4×1=	4×2=	4×3=	4×4=	4×5=
4 ⇨	☐ ⇨	12 ⇨	☐ ⇨	20

4×6=	4×7=	4×8=	4×9=
24 ⇨	☐ ⇨	32 ⇨	☐

じゃ、あいと　お友だちに　なって　くれる？

おわったら
ぶりぶり
シールを
はろう

4の だんの 九九②

① □に あてはまる 数を 書きましょう。

① 4 × □ = 36 (さんじゅうろく) ② 4 × □ = 32 (さんじゅうに)

③ 4 × □ = 28 (にじゅうはち) ④ 4 × □ = 24 (にじゅうし)

⑤ 4 × □ = 20 (にじゅう) ⑥ 4 × □ = 16 (じゅうろく)

⑦ 4 × □ = 12 (じゅうに) ⑧ 4 × □ = 8 (はち)

⑨ 4 × □ = 4 (し)

よくできた!

② しんちゃんたちが いる ところの 数を 書きましょう。

×	かける数	1	2	3	4	5	6	7	8	9
かけられる数	4	4	8		16		24			36

 □   □   □   □

 ふうー。手ごわい あい手だった。

おわったら ぷりぷりシールを はろう

5 ③ 4の だんの 九九③

月　　　日

<ruby>曜日<rt>よう び</rt></ruby>

① しんちゃんが トランプを 4まいずつ 4人に くばります。トランプは ぜんぶで <ruby>何<rt>なん</rt></ruby>まいに なりますか。

しき $4 \times \boxed{} = \boxed{}$　　<ruby>答え<rt>こた</rt></ruby> $\boxed{}$ まい

② 1つ 4cm（センチメートル）の おもちゃの 車が 7こ あります。ならべると <ruby>何<rt>なん</rt></ruby>cm（センチメートル）に なりますか。

4cm 4cm 4cm 4cm 4cm 4cm 4cm

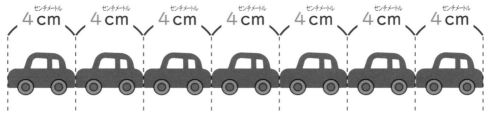

しき $\boxed{}$　　<ruby>答え<rt>こた</rt></ruby> $\boxed{}$ cm

ただいマカロニサラダに フルーツは 入れないで～。

おわったら ぶりぶりシールを はろう

6 6の だんの 九九

やすい ものには
わけが あるゾ!

 6の だんの 九九を おぼえるのだ!

かける数が | ふえると、
答えは かけられる数の 6ずつ ふえて いくよ。

かけられる数　かける数

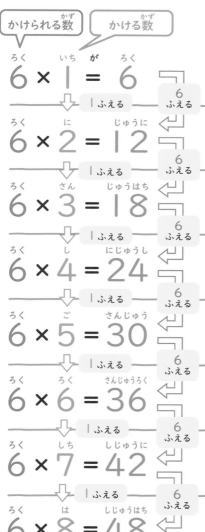

ろく　いち　が　ろく
6 × 1 = 6
｜ふえる　6ふえる

ろく　に　じゅうに
6 × 2 = 12
｜ふえる　6ふえる

ろく　さん　じゅうはち
6 × 3 = 18
｜ふえる　6ふえる

ろく　し　にじゅうし
6 × 4 = 24
｜ふえる　6ふえる

ろく　ご　さんじゅう
6 × 5 = 30
｜ふえる　6ふえる

ろく　ろく　さんじゅうろく
6 × 6 = 36
｜ふえる　6ふえる

ろく　しち　しじゅうに
6 × 7 = 42
｜ふえる　6ふえる

ろく　は　しじゅうはち
6 × 8 = 48
｜ふえる　6ふえる

ろっ　く　ごじゅうし
6 × 9 = 54

たこやき
6こで 100円

らっしゃい

やすい!!
3つ ください。

300 円で
こーんなに♪

母ちゃん、
よろこんじゃうね。

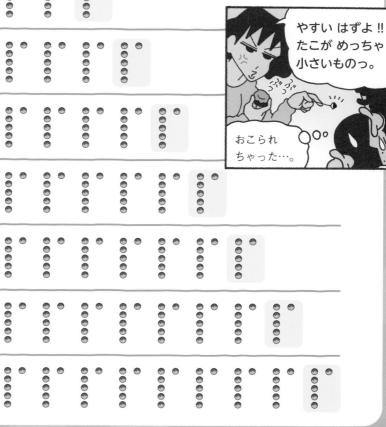

やすい はずよ!!
たこが めっちゃ
小さいものっ。

おこられ
ちゃった…。

31

6の　だんの　九九①

① かけ算を　しましょう。

① 6 × 1 =
② 6 × 2 =

③ 6 × 3 =
④ 6 × 4 =

⑤ 6 × 5 =
⑥ 6 × 6 =

⑦ 6 × 7 =
⑧ 6 × 8 =

⑨ 6 × 9 =

ワン！　ワン！

② □に　あてはまる　数を　書きましょう。

6×1=	6×2=	6×3=	6×4=	6×5=
6 ⇨	□ ⇨	18 ⇨	□ ⇨	30

6×6=	6×7=	6×8=	6×9=
36 ⇨	□ ⇨	48 ⇨	□

ひいい〜っ。おゆるし　くだせえええっ。

おわったら
ぶりぶり
シールを
はろう

きょうも　よく　がんばったぞ！

6の だんの 九九②

月　日
<ruby>曜日<rt>ようび</rt></ruby>

① □に あてはまる 数を 書きましょう。

① <ruby>6<rt>ろっ</rt></ruby> × □ = <ruby>54<rt>ごじゅうし</rt></ruby>　　② <ruby>6<rt>ろく</rt></ruby> × □ = <ruby>48<rt>しじゅうはち</rt></ruby>

③ <ruby>6<rt>ろく</rt></ruby> × □ = <ruby>42<rt>しじゅうに</rt></ruby>　　④ <ruby>6<rt>ろく</rt></ruby> × □ = <ruby>36<rt>さんじゅうろく</rt></ruby>

⑤ <ruby>6<rt>ろく</rt></ruby> × □ = <ruby>30<rt>さんじゅう</rt></ruby>　　⑥ <ruby>6<rt>ろく</rt></ruby> × □ = <ruby>24<rt>にじゅうし</rt></ruby>

⑦ <ruby>6<rt>ろく</rt></ruby> × □ = <ruby>18<rt>じゅうはち</rt></ruby>　　⑧ <ruby>6<rt>ろく</rt></ruby> × □ = <ruby>12<rt>じゅうに</rt></ruby>

⑨ <ruby>6<rt>ろく</rt></ruby> × □ <ruby>=<rt>が</rt></ruby> <ruby>6<rt>ろく</rt></ruby>

なかなか やるわね！

② しんちゃんたちが いる ところの 数を 書きましょう。

×	かける 数	1	2	3	4	5	6	7	8	9
かけら れる数	6	6			24		36		48	54

 □　　 □　　 □　　 □

 だいじょぶ！

おわったら ぶりぶり シールを はろう

6の だんの 九九③

月 日

曜日

① ネネちゃんが 1まい 6円の クッキーを 7まい
買います。 ぜんぶで 何円に なりますか。

しき　| 6 | × | ☐ | = | ☐ |　　答え ☐ 円

② 1ふくろ 6こ入りの チョコレートを
3ふくろ くばります。
チョコレートは ぜんぶで 何こに なりますか。

しき ☐　　　答え ☐ こ

3時だし ひまが ねてる 間に ティータイムと いきやすか。

おわったら
ぶりぶり
シールを
はろう

34

ひまわりは
ほう石に きびしいゾ!

 7の だんの 九九を おぼえるのだ!

かける数が | ふえると、
答えは かけられる数の 7ずつ ふえて いくよ。

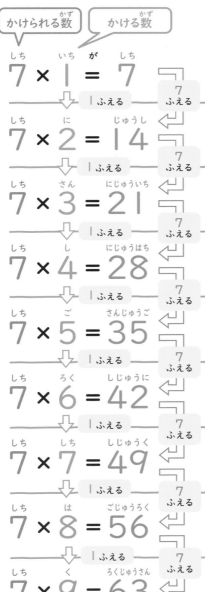

| かけられる数 | かける数 |

しち いち が しち
7 × | = 7
|ふえる 7ふえる

しち に じゅうし
7 × 2 = |4
|ふえる 7ふえる

しち さん にじゅういち
7 × 3 = 2|
|ふえる 7ふえる

しち し にじゅうはち
7 × 4 = 28
|ふえる 7ふえる

しち ご さんじゅうご
7 × 5 = 35
|ふえる 7ふえる

しち ろく しじゅうに
7 × 6 = 42
|ふえる 7ふえる

しち しち しじゅうく
7 × 7 = 49
|ふえる 7ふえる

しち は ごじゅうろく
7 × 8 = 56
|ふえる 7ふえる

しち く ろくじゅうさん
7 × 9 = 63

7つぶダイヤの
ネックレス、
買っちゃった。

セールだけど

あ!! これ、
ママの だから。

くあっ。

…あれ? いつも
食いつくのに…。

しらべて みたら、
ニセモノ だったとさ。

た。

7の だんの 九九①

月　日

曜日（ようび）

---

① かけ算（ざん）を　しましょう。

① 7（しち） × 1（いち）が = □　　　② 7（しち） × 2（に） = □

③ 7（しち） × 3（さん） = □　　　④ 7（しち） × 4（し） = □

⑤ 7（しち） × 5（ご） = □　　　⑥ 7（しち） × 6（ろく） = □

⑦ 7（しち） × 7（しち） = □　　　⑧ 7（しち） × 8（は） = □

⑨ 7（しち） × 9（く） = □

ファイトー!

---

② □に　あてはまる　数（かず）を　書（か）きましょう。

7×1=	7×2=	7×3=	7×4=	7×5=
7 ⇨	□ ⇨	21 ⇨	□ ⇨	35

7×6=	7×7=	7×8=	7×9=
42 ⇨	□ ⇨	56 ⇨	□

オシッコ　オシッコ　ランランラン。

おわったら ぶりぶり シールを はろう

7の だんの 九九②

月　日

① かけ算を しましょう。

① 7 × ☐ = 63

② 7 × ☐ = 56

③ 7 × ☐ = 49

④ 7 × ☐ = 42

⑤ 7 × ☐ = 35

⑥ 7 × ☐ = 28

⑦ 7 × ☐ = 21

⑧ 7 × ☐ = 14

⑨ 7 × ☐ = 7

りっぱですわ!

② しんちゃんたちが いる ところの 数を 書きましょう。

×	かける数	1	2	3	4	5	6	7	8	9
かけられる数	7	7	14		28		42		56	

 ☐　　 ☐　　 ☐　　 ☐

 よっしゃ!!

おわったら **ぶりぶりシール**を はろう

37

① おり紙を　7まいずつ　4人に　くばりました。
ぜんぶで　何まい　くばりましたか。

しき　[7] × [　] = [　]　　答え [　] まい

② 1つの　かごに　ジュースが　7本　入って　います。
みさえが　2かご　買いました。
ジュースは　ぜんぶで　何本　ありますか。

しき [　　　　　　　　　　　　]　　答え [　] 本

 しっかり　前　見て　歩きなさい!!

計算パズル ③

母ちゃんから にげろ!

しんちゃんが みさえの だいじな ネックレスを
なくしちゃった。7の だんの 九九の 答えを 通って、
みさえから にげよう。ただし、ななめには すすめないよ。

> ぐりぐりこうげき
> されちゃう～!

> しんのすけ!
> まちなさい!

> にげる～!!

スタート →

7	2	8	45	1	30
14	20	10	15	54	32
35	21	40	3	12	72
9	28	56	63	6	24
4	81	5	7	21	18
36	16	64	25	49	42

→ ゴール

おわったら
ぶりぶり
シールを
はろう

1 □に あてはまる 数を 書きましょう。　1もん 10点

① $4 × 2 = \boxed{}$

② $4 × \boxed{} = 24$

③ $6 × 5 = \boxed{}$

④ $6 × 7 = \boxed{}$

⑤ $7 × \boxed{} = 21$

⑥ $7 × \boxed{} = 42$

2 3つの 数字を つかって、6しゅるいの しきを 作りましょう。数字は 何回でも つかえます。

①〜④ 1もん 5点　⑤〜⑥ 1もん 10点

$$4 \quad 6 \quad 7$$

数字を組み合わせて、いろいろ試してみましょう。

① $\boxed{} × \boxed{} = 28$

② $\boxed{} × \boxed{} = 28$

③ $\boxed{} × \boxed{} = 24$

④ $\boxed{} × \boxed{} = 24$

⑤ $\boxed{} × \boxed{} = 42$

⑥ $\boxed{} × \boxed{} = 42$

8の　だんの　九九

ピザの　チーズは
とっても　のびるゾ!

ランチは ピザよ♪
しかも 2まい!!

わーいっ。

 8の　だんの　九九を　おぼえるのだ!

かける数が　１　ふえると、
答えは　かけられる数の　8ずつ　ふえて　いくよ。

かけられる数　かける数

はち　いち　が　はち
8 × 1 = 8
↓ 1ふえる　8ふえる

はち　に　じゅうろく
8 × 2 = 16
↓ 1ふえる　8ふえる

はち　さん　にじゅうし
8 × 3 = 24
↓ 1ふえる　8ふえる

はち　し　さんじゅうに
8 × 4 = 32
↓ 1ふえる　8ふえる

はち　ご　しじゅう
8 × 5 = 40
↓ 1ふえる　8ふえる

はち　ろく　しじゅうはち
8 × 6 = 48
↓ 1ふえる　8ふえる

はち　しち　ごじゅうろく
8 × 7 = 56
↓ 1ふえる　8ふえる

はっ　ぱ　ろくじゅうし
8 × 8 = 64
↓ 1ふえる　8ふえる

はっ　く　しちじゅうに
8 × 9 = 72

にょ—
ぬ。

もって。
んにょ—
てってって、

まけたくない!!
もって!!
やだよ!!

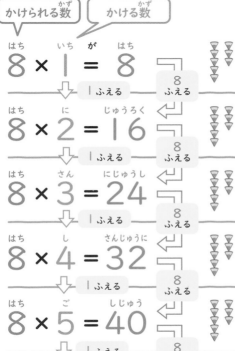
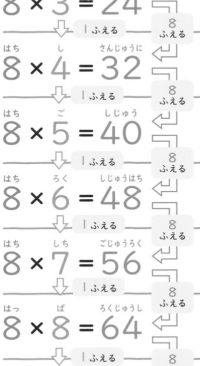
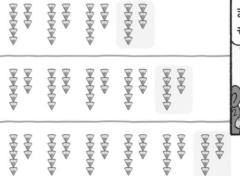

8 ① 8の　だんの　九九①

月　日
曜日

① かけ算を　しましょう。

① 8 × 1 ＝ ☐　　② 8 × 2 ＝ ☐

③ 8 × 3 ＝ ☐　　④ 8 × 4 ＝ ☐

⑤ 8 × 5 ＝ ☐　　⑥ 8 × 6 ＝ ☐

⑦ 8 × 7 ＝ ☐　　⑧ 8 × 8 ＝ ☐

⑨ 8 × 9 ＝ ☐

もう
ちょっとだゾ！

② ☐に　あてはまる　数を　書きましょう。

8×1＝	8×2＝	8×3＝	8×4＝	8×5＝
8 ⇒	☐ ⇒	24 ⇒	☐ ⇒	40

8×6＝	8×7＝	8×8＝	8×9＝
48 ⇒	☐ ⇒	64 ⇒	☐

ちっ。よけいな　パワー　つかっちまったぜ。

おわったら
ぶりぶり
シールを
はろう

8の　だんの　九九②

月　　日

①　□に　あてはまる　数（かず）を　書（か）きましょう。

① 8（はっ）× □ = 72（しちじゅうに）　　② 8（はっ）× □ = 64（ろくじゅうし）

③ 8（はち）× □ = 56（ごじゅうろく）　　④ 8（はち）× □ = 48（しじゅうはち）

⑤ 8（はち）× □ = 40（しじゅう）　　⑥ 8（はち）× □ = 32（さんじゅうに）

⑦ 8（はち）× □ = 24（にじゅうし）　　⑧ 8（はち）× □ = 16（じゅうろく）

⑨ 8（はち）× □ が（が）= 8（はち）

> がんばりましたね!

②　しんちゃんたちが　いる　ところの　数（かず）を　書（か）きましょう。

×	かける数（かず）	1	2	3	4	5	6	7	8	9
かけられる数（かず）	8	8		24		40		56		72

 □　 □　 □　 □

やれやれ　やっぱ　子どもの　あい手は　つかれるぜ。

おわったら　ぶりぶり　シールを　はろう

きょうも　よく　がんばったネ!

8の だんの 九九③

月　日
<ruby>曜日<rt>ようび</rt></ruby>

① ピザを　6人で　8<ruby>切<rt>き</rt></ruby>れずつ　<ruby>食<rt>た</rt></ruby>べました。
ぜんぶで　<ruby>何切<rt>なんき</rt></ruby>れ　<ruby>食<rt>た</rt></ruby>べましたか。

しき　　8　×　□　＝　□　　　<ruby>答<rt>こた</rt></ruby>え　□　<ruby>切<rt>き</rt></ruby>れ

かけられる<ruby>数<rt>かず</rt></ruby>は 8よ。

② <ruby>風間<rt>かざま</rt></ruby>くんは　<ruby>毎日<rt>まいにち</rt></ruby>　8ページ　べん<ruby>強<rt>きょう</rt></ruby>を　しました。
7日で　<ruby>何<rt>なん</rt></ruby>ページ　べん<ruby>強<rt>きょう</rt></ruby>しましたか。

| 8月 26日 月曜日 | 8月 27日 火曜日 | 8月 28日 水曜日 | 8月 29日 木曜日 |
| 8月 30日 金曜日 | 8月 31日 土曜日 | 9月 1日 日曜日 | |

しき　□　　<ruby>答<rt>こた</rt></ruby>え　□　ページ

<ruby>天才少年<rt>てんさいしょうねん</rt></ruby>　<ruby>風間<rt>かざま</rt></ruby>トオルさ。

きょうも よく がんばったぞ!
おわったら ぶりぶり シールを はろう

9の だんの 九九

コレクションの
見せあいだゾ！

めずらしい 石の
コレクション。

わあ。

9の だんの 九九を おぼえるのだ！

かける数が 1 ふえると、
答えは かけられる数の 9ずつ ふえて いくよ。

かけられる数　　かける数

9 × 1 = 9
1ふえる　9ふえる

9 × 2 = 18
1ふえる　9ふえる

9 × 3 = 27
1ふえる　9ふえる

9 × 4 = 36
1ふえる　9ふえる

9 × 5 = 45
1ふえる　9ふえる

9 × 6 = 54
1ふえる　9ふえる

9 × 7 = 63
1ふえる　9ふえる

9 × 8 = 72
1ふえる　9ふえる

9 × 9 = 81

オラの ほうが
いっぱい あるもん。

しんちゃんも
石を？

ふつうの はこの
コレクションだよ。

あ～…
はこの ほうね。

ハハ…

9の だんの 九九①

月　日

曜日

① かけ算を しましょう。

① 9 × 1 = ☐

② 9 × 2 = ☐

③ 9 × 3 = ☐

④ 9 × 4 = ☐

⑤ 9 × 5 = ☐

⑥ 9 × 6 = ☐

⑦ 9 × 7 = ☐

⑧ 9 × 8 = ☐

⑨ 9 × 9 = ☐

やれば できる!

---

② ☐に あてはまる 数を 書きましょう。

9×1=	9×2=	9×3=	9×4=	9×5=
9 ⇨	☐ ⇨	27 ⇨	☐ ⇨	45

9×6=	9×7=	9×8=	9×9=
54 ⇨	☐ ⇨	72 ⇨	☐

おわったら **ぶりぶり シール**を はろう

あ、やっぱり まって。 も少し 考えさせて。 一生を 左右する もんだいだから。

9の だんの 九九②

月　日

① □に あてはまる 数を 書きましょう。

① 9 × □ = 81 （はちじゅういち）

② 9 × □ = 72 （しちじゅうに）

③ 9 × □ = 63 （ろくじゅうさん）

④ 9 × □ = 54 （ごじゅうし）

⑤ 9 × □ = 45 （しじゅうご）

⑥ 9 × □ = 36 （さんじゅうろく）

⑦ 9 × □ = 27 （にじゅうしち）

⑧ 9 × □ = 18 （じゅうはち）

⑨ 9 × □ = 9

きみの 力を 見せてくれ!

② しんちゃんたちが いる ところの 数を 書きましょう。

×	かける数	1	2	3	4	5	6	7	8	9
かけられる数	9	9			36		54	63	72	

 □　 □　 □　 □

 くそー。 どーして こう うまく いかねえんだ。

きょうも よく がんばったぞ! おわったら ぶりぶりシールを はろう

47

9の だんの 九九③

月　日

曜日

① 1つ 9cmの たいやきが 3こ あります。
ならべると 何cmに なりますか。

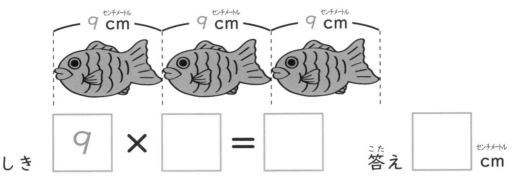

しき　9 × □ = □　　答え □ cm

② 9人の 野きゅうチームが 2チーム あります。
ぜんぶで 何人に なりますか。

しき □　　答え □ 人

 かんりょう しました。

10 1の だんの 九九

きゅうりょう日前は
せつやく するゾ!

1の だんの 九九を おぼえるのだ!

かける数が 1 ふえると、
答えは かけられる数の 1ずつ ふえて いくよ。

| かけられる数 | かける数 |

いん いち が いち
$1 × 1 = 1$
1ふえる ふえる

いん に が に
$1 × 2 = 2$
1ふえる ふえる

いん さん が さん
$1 × 3 = 3$
1ふえる ふえる

いん し が し
$1 × 4 = 4$
1ふえる ふえる

いん ご が ご
$1 × 5 = 5$
1ふえる ふえる

いん ろく が ろく
$1 × 6 = 6$
1ふえる ふえる

いん しち が しち
$1 × 7 = 7$
1ふえる ふえる

いん はち が はち
$1 × 8 = 8$
1ふえる ふえる

いん く が く
$1 × 9 = 9$

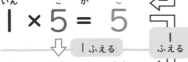

キャベツ 1玉100円!!
1人 1玉 までだよ。

八百長

買った!!

家族 4人で 4玉…。
大量だ。

4玉…?
わたしと した
ことが…!!

シロの ぶんも
買わないと。

シロちゃんは
犬なんで!!

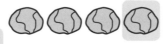

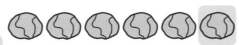

10 ② 1の だんの 九九②

月　日

曜日

---

① □に あてはまる 数を 書きましょう。

① 1 × □ = 9

② 1 × □ = 8

③ 1 × □ = 7

④ 1 × □ = 6

⑤ 1 × □ = 5

⑥ 1 × □ = 4

⑦ 1 × □ = 3

⑧ 1 × □ = 2

⑨ 1 × □ = 1

かまわん、つづけよ。

---

② しんちゃんたちが いる ところの 数を 書きましょう。

×	かける数	1	2	3	4	5	6	7	8	9
かけられる数	1	1	2			5			8	9

 □　 □　 □　 □

 すすんでる～？

 きょうも よく がんばったぞ! おわったら ぶりぶりシールを はろう

51

10 ③ 1の　だんの　九九③

月　日

曜日

① みさえが　1人に　1こずつ　おにぎりを　作ります。
おにぎりは　ぜんぶで　何こ　いりますか。

しき　[1] × [ ] = [ ]　答え [ ] こ

② みさえの　ブレスレットが　1はこに　1こずつ
入って　います。8はこ　ある　とき、
ブレスレットは　ぜんぶで　何こですか。

しき [ ]　答え [ ] こ

おわった？

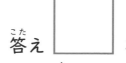
おわったら
ぶりぶり
シールを
はろう

計算パズル ④

ピザを 食べよう!

ピザの まん中の 数に ● の 数を かけるよ。
◯ と ● に 正しい 数字を 書こう。

れい 6 × 2 = 12

たーい!

もう 1まい 食べちゃおっかな。

月　日

点

---

1 □に あてはまる 数を 書きましょう。　1もん 10点

① $8 \times 4 = \boxed{}$　　② $8 \times \boxed{} = 64$

③ $9 \times 5 = \boxed{}$　　④ $9 \times \boxed{} = 54$

⑤ $1 \times 7 = \boxed{}$　　⑥ $1 \times \boxed{} = 9$

⑦ $8 \times 9 = \boxed{}$　　⑧ $9 \times \boxed{} = 72$

---

2 答えが 大きい じゅんに しきを 左から ならべましょう。　20点

| 9×5 | 8×8 | 1×9 | 8×4 | 9×3 |

（大きい）□ □ □ □ □ （小さい）

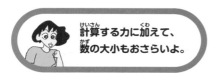
計算する力に加えて、数の大小もおさらいよ。

めざせ エリートの 道!!
かけ算に ちょうせんだ!!

カザマくん、
あそぼー。

当たり前に
入って
くるなよ!!

お勉強？
お手つだい
したげる。

しんのすけには
むずかしいよ。

4 × 4 = 16

しんしは いろ男。

5 × 5 = 25

ごごは ふたご
…に会う 紳士。

6 × 6 = 36

ムキムキを 見ろ!!
マッチョな 紳士。

いいぞ いいぞ

紳士、紳士、
うるさいな!!

勉強の
ジャマだ。
帰ってくれ。

7 × 7 = 49
なぜなぜ？
わぁ ショック
…な 紳士。

イライラ

ずーん

もう
いいから。

かけ算の れんしゅう

かけ算の れんしゅう①

① 5の だんの かけ算を しましょう。

① 5 × 1 = ☐　　② 5 × 3 = ☐

③ 5 × 6 = ☐　　④ 5 × 8 = ☐

② 2の だんの かけ算を しましょう。

① 2 × 2 = ☐　　② 2 × 4 = ☐

③ 2 × 7 = ☐　　④ 2 × 9 = ☐

③ 7の だんの かけ算を しましょう。

① 7 × 3 = ☐　　② 7 × 5 = ☐

③ 7 × 7 = ☐　　④ 7 × 8 = ☐

ふーっ。 これて もう あんしん。

きょうも よく がんばったぞ!
おわったら ぶりぶり シールを はろう

かけ算の れんしゅう②

月　日

曜日

① かけ算を しましょう。

① 1 × 1 = ☐

② 2 × 2 = ☐

③ 3 × 3 = ☐

④ 4 × 4 = ☐

⑤ 5 × 5 = ☐

⑥ 6 × 6 = ☐

⑦ 7 × 7 = ☐

⑧ 8 × 8 = ☐

⑨ 9 × 9 = ☐

その ちょうし～。

② ☐に あてはまる 数を 書きましょう。

3×1=	3×2=	3×3=	3×4=	3×5=
3 ⇨	☐ ⇨	9 ⇨	☐ ⇨	15

3×6=	3×7=	3×8=	3×9=
18 ⇨	☐ ⇨	24 ⇨	☐

人生 なにが あるか わからないね。

おわったら ぶりぶりシールを はろう

かけ算の れんしゅう③

① □に あてはまる 数を 書きましょう。

① $9 \times \boxed{} = 9$　　② $8 \times \boxed{} = 24$

③ $7 \times \boxed{} = 35$　　④ $6 \times \boxed{} = 18$

⑤ $5 \times \boxed{} = 25$　　⑥ $4 \times \boxed{} = 36$

⑦ $3 \times \boxed{} = 12$　　⑧ $2 \times \boxed{} = 10$

⑨ $1 \times \boxed{} = 5$

むずかしいよ～～。

② しんちゃんたちが いる ところの 数を 書きましょう。

×	かける数	1	2	3	4	5	6	7	8	9
かけられる数	7	7			28		42	49		63

 ふぅ──。 やっと 二日よい とれて きた。

おわったら ぶりぶりシールを はろう

かけ算の しきの いみ

 かけられる数と　かける数に　ついて　もっと　くわしく　なろう。

チョコビが　3こずつ　入った
かごが　2つ　あります。

チョコビが　2こずつ　入った
かごが　3つ　あります。

チョコビの　ぜんぶの　数を　あらわす　かけ算の　しきは

かけられる数	かける数	ぜんぶの数
3	× 2	= 6

かけられる数	かける数	ぜんぶの数
2	× 3	= 6

答えは　どちらも　6　こに　なるよ。

---

① かけ算の　しきを　書きましょう。

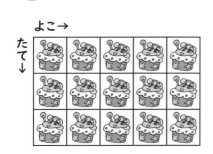

よこ→
たて↓

① たての　数を　1つ分の　数と　した　とき

かけられる数	かける数	ぜんぶの数

しき □ × □ = □

② よこの　数を　1つ分の　数と　した　とき

かけられる数	かける数	ぜんぶの数

しき □ × □ = □

ケッ。　くそったれども。

ちょうも　よく　がんばったぞ！
おわったら
ぶりぶり
シールを
はろう

かけ算で もとめよう①

月　日
曜日

① かけ算の しきを 書いて 答えを もとめましょう。

① アイスの 数

かけられる数		かける数		ぜんぶの数

しき □ × □ = □　　答え □ こ

② パンツの 数

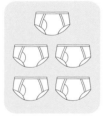    

かけられる数		かける数		ぜんぶの数

しき □ × □ = □　　答え □ まい

しんのすけ、 やさいも 食べるのよ。

きょうも よく がんばったぞ!
おわったら ぶりぶりシールを はろう

かけ算で もとめよう②

月　日

曜日

① かけ算の しきを 書いて 答えを もとめましょう。

① カードの 数

かけられる数		かける数		ぜんぶの数	

しき □ × □ = □　　答え □ まい

② バナナの 数

かけられる数		かける数		ぜんぶの数	

しき □ × □ = □　　答え □ 本

 やだ!! オレは もう つかれた。

きょうも よく がんばったぞ!
おわったら
ぶりぶり
シールを
はろう

月　日

曜日

どちらの かけ算の しきの 答えが 大きいか しらべて みよう。

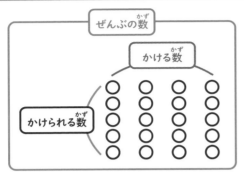

ぜんぶの数
かける数
かけられる数

ぜんぶの数
かける数
かけられる数

5 × 4 = 20　　　　5 × 5 = 25

かけられる数が 同じ かけ算は
かける数が 大きい ほうが 答えが 大きい。

① 数が 大きい ほうの □ に ○を つけましょう。

① 4 × 3 □　　4 × 4 □

② 3 × 5 □　　3 × 3 □

③ 8 × 7 □　　8 × 8 □

④ 5 × 5 □　　5 × 2 □

くらえ　うんち玉!!

ちょうも よく がんばったぞ!
おわったら
ぶりぶり
シールを
はろう

計算パズル ⑤

数字を あばけ！

わかるかな？

しんちゃんたちが 数字を かくして いるよ。
かくれて いる 数字を □に 書こう。

3	×		=	9
×		×		×
	×		=	
‖		‖		‖
3	×		=	18

 □　　 □　　 □

 □　　 □

きょうも よく がんばったぞ！
おわったら
**ぶりぶり
シール**を
はろう

63

おさらいテスト④

55〜63ページの おさらいだゾ！

月　日

点

---

1 かけ算の しきを 書いて タコさんウインナーの 数を もとめましょう。　30点

しき □ × □ ＝ □　　答え □ こ

---

2 数が 大きい ほうの □ に ○を つけましょう。

1もん 20点

① 6 × 3 □　　6 × 4 □

② 9 × 5 □　　9 × 4 □

---

3 □に 入る 数字を 書きましょう。　1つ 10点

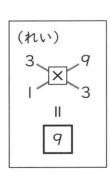

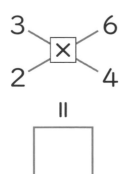

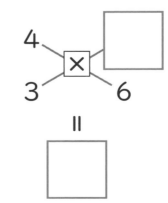

九九を暗記 するんじゃなく、 数のしくみを 考えましょ。

おわったら ぶりぶり シールを はろう

64

九九の　ひょう

カザマくんの
お手つだいだゾ！②

 九九の　ひょうで　考えるのだ！

しんのすけの　せいで、
かけ算が　頭に
入って　こない。

ならば、これを
つかいたまえ。

● 答えが　⑫に　なる　九九は　4つ　あるよ。
　のこりの　3つを　さがして　〇を　つけよう。

● 答えが　16に　なる　九九を　さがして
　ぜんぶに　△を　つけよう。

✕	かける数								
	1	2	3	4	5	6	7	8	9
1	1	2	3	4	5	6	7	8	9
2	2	4	6	8	10	12	14	16	18
3	3	6	9	12	15	18	21	24	27
4	4	8	⑫	16	20	24	28	32	36
5	5	10	15	20	25	30	35	40	45
6	6	12	18	24	30	36	42	48	54
7	7	14	21	28	35	42	49	56	63
8	8	16	24	32	40	48	56	64	72
9	9	18	27	36	45	54	63	72	81

（かけられる数）

きょうも　よく　がんばったゾ！
おわったら
**ぶりぶり
シール**を
はろう

12 ① 九九の　ひょう

月　　日
曜日

① 九九の　ひょうを　かんせい　させましょう。
たての　かけられる数に　よこの　かける数を　かけて
□に　数を　書きましょう。

①

×	かける数		
	1	2	3
3（かけられる数）	3		9
4	4		
5	5		15

②

×	かける数		
	2	4	6
8（かけられる数）			
7		28	
6			

③

×	かける数		
	4	5	6
3（かけられる数）		15	
2			
1		5	

④

×	かける数			
	3	5	7	9
2（かけられる数）				
4				
6				
8				

きょうは　リアルおままごとの　新しい　シナリオでも　作ろうかな。

きょうも　よく　がんばったぞ！
おわったら
ぶりぶり
シールを
はろう

かけ算の きまり①

 かける数が 1ふえると、答えは どうなる?

同じ だんの 九九では かける数が 1ふえると、
答えが その だんの かけられる数ずつ ふえて いくよ。

		1ふえる	1ふえる	1ふえる	1ふえる	1ふえる	1ふえる	1ふえる	1ふえる
×	かける数	1	2	3	4	5	6	7	8	9
かけられる数	5	5	10	15	20	25	30	35	40	45

5ふえる 5ふえる 5ふえる 5ふえる 5ふえる 5ふえる 5ふえる 5ふえる

かけられる数

$5 × 2 = 10$ は、$10 = 5 × 1 +$ 　5　 とも
考えられるよ。

①かけ算→②たし算の
じゅん番で 計算するぞ!

1　□に あてはまる 数を 書きましょう。

①　$5 × 4 = 5 × 3 +$ 　□

②　$2 × 6 = 2 × 5 +$ 　□

本日の ハナ水の とうめいど りょうこう。

きょうも よく がんばったぞ!
おわったら
ぶりぶり
シールを
はろう

かけ算の きまり②

答えが 同じに なる かけ算を さがして みるのだ!

かけられる数と かける数を 入れかえても、
もとの かけ算の 答えは 同じに なるよ。

×	かける数 2	3
かけられる数 2		6
3	6	

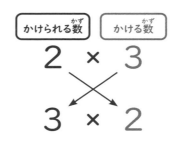

かけられる数　かける数

2 × 3

3 × 2

どちらも 答えは 同じ 6 に なるね。

① □に あてはまる 数を 書きましょう。

① 3 × 4 = 4 × □

② 5 × 8 = 8 × □

③ 6 × 5 = 5 × □

④ 9 × 7 = 7 × □

3×4の かけられる数と
4×3の かける数は
同じなのだ!

むやみに パパの くつに 近づいちゃ ダメよ。

きょうも よく がんばったぞ!
おわったら ぶりぶりシールを はろう

12 ④ かけ算の　きまり③

① 同じ　答えが　入る　マスが　3つ　あります。
入る　数字は　いくつですか。

×		かける数			
	1	2	3	4	5
1					
2					
3					
4					

かけられる数

答え ☐

② 同じ　答えが　入る　マスが　4つ　あります。
入る　数字は　いくつですか。

×		かける数						
	1	2	3	4	5	6	7	8
1								
2								
4								
8								

かけられる数

答え ☐

うきゃきゃきゃ。

きょうも　よく　がんばったぞ!
おわったら
ぶりぶり
シールを
はろう

かけ算の　きまり④

九九の　ひょう

> 九九の　ひょうで　たてに　たした　ときの　答えを　しらべて　みるのだ。

2の　だんと　3の　だんを　たてに　たすと、
5の　だんと　同じ　答えに　なるよ。

×	1	2	3	4	5	6	7	8	9
					かける数				
2	2	4	6	8	10	12	14	16	18
3	+ 3	+ 6	+ 9	12	15	18	21	24	27
	=	=	=	=	=	=	=	=	=
5	5	10	15	20	25	30	35	40	45

（かけられる数）

ほかの　だんでも
ためして　みれば？

---

① たてに　たすと　6の　だんの　答えになるのは、
　どの　だんと　どの　だん　ですか。

×	1	2	3	4	5	6	7	8	9
					かける数				
2	2	4	6	8	10	12	14	16	18
3	3	6	9	12	15	18	21	24	27
4	4	8	12	16	20	24	28	32	36
5	5	10	15	20	25	30	35	40	45
6	6	12	18	24	30	36	42	48	54

（かけられる数）

答え

☐
のだん

と

☐
のだん

ファイトーッ!!　いっぷぁーつ!!

おわったら
ぶりぶり
シールを
はろう

2けたの　かけ算①

---

① かけ算の　しきを　書いて　答えを　もとめましょう。

１はこ　３こ入りの　りんごが　12はこ　あります。
りんごは　ぜんぶで　何こ　ありますか。

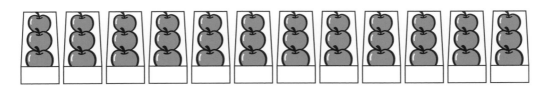

かけ算の　しきに　あらわすと、
３この　12こ分　だから

しき　□ × □ = □　　答え　□ こ

---

② □に　あてはまる　数を　書きましょう。

$3 × 9 = 27$

$3 × 10 = 30$

$3 × 11 = 33$

$3 × 12 = $ □

かっこいいなァ、しんちゃんて。

2けたの　かけ算②

月　　日

曜日

①

□に　あてはまる　数を　書きましょう。

① $5 \times 10 = 5 \times 9 +$ □ $=$ □

② $6 \times 11 = 6 \times 9 + 6 +$ □ $=$ □

③ $4 \times 12 = 4 \times 9 + 4 + 4 +$ □ $=$ □

よーし！　いいぞ！

②

しんちゃんたちが　いる　ところの　数を　書きましょう。

×	かける数	7	8	9	10	11	12	13	14	15
かけられる数	3	21	24	27			36		42	
	5	35	40	45		55		65		

 □　 □　 □　 □

 □　□　□　□

 やれやれ、こまった　子ねこちゃんだ。

おわったら　ぶりぶりシールを　はろう

計算パズル ⑥

何が　とれるかな？

答えが　8に　なる　しきを　見つけて、
けいひんと　とりだし口を　線で　むすぼう。

いっぱい
とるゾ！

かすかべクレーンゲーム

8を　さがせ！

3 × 3 =

1 × 8 =

4 × 2 =

2 × 5 =

6 × 2 =

2 × 4 =

8 × 1 =

4 × 4 =

5 × 3 =

やったぞ！

とりだし口

きょうも　よく　がんばった！
おわったら
ぷりぷり
シールを
はろう

1 たての かけられる数に よこの かける数を かけて、あいて いる □に 数を 書きましょう。 `1つ 2点`

×	かける数		
	1	5	9
2	2		
6			
8			72

（かけられる数）

×	かける数		
	3	7	9
4			
5		35	
6			

（かけられる数）

2 たいやきで かくれて いる 数を 書きましょう。 `1もん 15点`

① 6 × 7 = 6 × 6 +

 ⇨ □

② 8 × 4 = 8 × + 8

⇨ □

3 クッキーで かくれて いる 数を 書きましょう。 `1もん 20点`

① 5 × 9 = 45
5 × 10 = 50
5 × 11 =

⇨ □

② 7 × 10 = 70
7 × 11 = 77
7 × 12 =

⇨ □

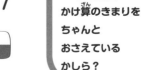

かけ算のきまりを ちゃんと おさえている かしら？

月　日

点

1 かけ算の しきを 書いて 答えを もとめましょう。

1もん 30点

① 1さら 2かんの おすしの 5さら分は 何かんですか。

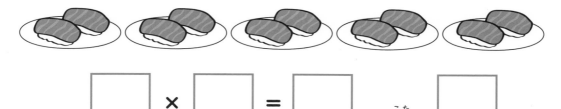

しき □ × □ = □　答え □ かん

② 1まい 4cmの クッキーが 6つ あります。
ならべると 何cmに なりますか。

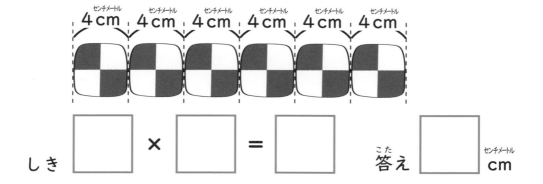

しき □ × □ = □　答え □ cm

2 ㋑の ぼーちゃんの はな水の 長さは
㋐の はな水の 何ばい ですか。

40点

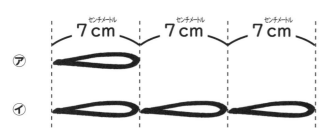

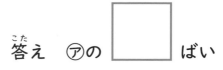

答え ㋐の □ ばい

75

月　日

点

1 □に あてはまる 数を 書きましょう。　1もん　20点

① 7×1＝ 　7×2＝ 　7×3＝ 　7×4＝ 　7×5＝

7 ⇨ □ ⇨ 21 ⇨ □ ⇨ 35

② 4×9＝ 　4×8＝ 　4×7＝ 　4×6＝ 　4×5＝

36 ⇨ □ ⇨ 28 ⇨ □ ⇨ 20

③ 5×1＝ 　5×3＝ 　5×5＝ 　5×7＝ 　5×9＝

5 ⇨ □ ⇨ 25 ⇨ □ ⇨ 45

2 しんちゃんたちが いる ところの 数を 書きましょう。　1つ　10点

×	かける数	1	2	3	4	5	6	7	8	9
かけられる数	8	8	16		32		48		64	

 □　 □　 □　 □

きょうも よく がんばったぞ！
おわったら ぶりぶり シールを はろう

76

2年
かくにんテスト③

1 かけ算を　しましょう。　　1もん　10点

① 3 × 7 = ☐　　② 5 × 4 = ☐

③ 2 × 9 = ☐　　④ 6 × 5 = ☐

⑤ 9 × 4 = ☐　　⑥ 1 × 8 = ☐

⑦ 8 × 6 = ☐　　⑧ 4 × 7 = ☐

⑨ 7 × 3 = ☐　　⑩ 9 × 1 = ☐

きょうも　よく　がんばったぞ！
おわったら
**ぶりぶり
シール**を
はろう

月　日

点

1 かけ算を　しましょう。　　**1もん　10点**

① 6 × 3 = □　　　② 4 × 4 = □

③ 1 × 7 = □　　　④ 7 × 9 = □

⑤ 5 × 2 = □　　　⑥ 8 × 6 = □

⑦ 3 × 8 = □　　　⑧ 9 × 7 = □

⑨ 2 × 6 = □　　　⑩ 6 × 5 = □

おわったら
ぶりぶり
シールを
はろう

月　日

点

1 サツマイモが　3こ　ついた　ツルを　6本
ぬきました。ぜんぶで　何こ　とれましたか。

30点

しき　□　　　　　　　　　　答え　□　こ

2 風間くんは　毎日　1時間　走って　います。
7日目には　ぜんぶで　何時間　走った　ことに
なりますか。

30点

しき　□　　　　　　　　　　答え　□　時間

3 8こ入りの　たまごの　パックが　4つ　あります。
たまごは　ぜんぶで　何こですか。

40点

しき　□　　　　　　　　　　答え　□　こ

おわったら
ぶりぶり
シールを
はろう

かくにんテスト⑥

月　日

点

---

1 □に　あてはまる　数が　大きい　ほうに
○を　つけましょう。

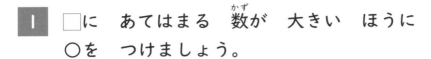

1もん　25点

① 2 × 7 □　　2 × 9 □

② 6 × 7 □　　6 × 6 □

---

2 □に　あてはまる　数を　書きましょう。

①〜④　1もん　5点　⑤〜⑦　1もん　10点

① 4 × 7 = 4 × 6 + □

② 9 × 8 = 9 × 7 + □

③ 6 × 3 = 3 × □　　④ 8 × 5 = 5 × □

⑤ 4 × 11 = 4 × 9 + 4 + □ = □

⑥ 3 × 10 = □　　⑦ 2 × 12 = □

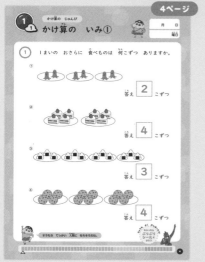

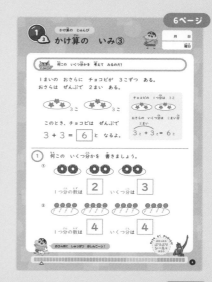

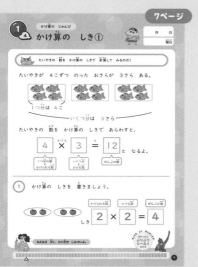

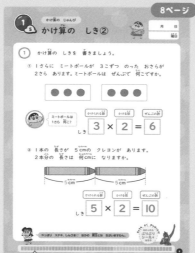

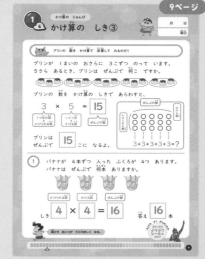

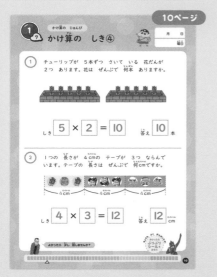

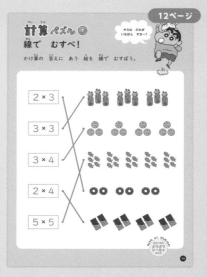

14ページ

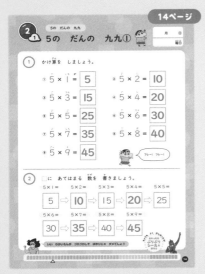

2 ① 5の だんの 九九①

① かけ算を しましょう。
① 5 × 1 = 5　② 5 × 2 = 10
③ 5 × 3 = 15　④ 5 × 4 = 20
⑤ 5 × 5 = 25　⑥ 5 × 6 = 30
⑦ 5 × 7 = 35　⑧ 5 × 8 = 40
⑨ 5 × 9 = 45　フレー！フレー！

② □に あてはまる 数を 書きましょう。
5×1→ 5　5×2→ 10　5×3→ 15　5×4→ 20　5×5→ 25
5×6→ 30　5×7→ 35　5×8→ 40　5×9→ 45

15ページ

2 ② 5の だんの 九九②

① □に あてはまる 数を 書きましょう。
① 5 × 9 = 45　② 5 × 8 = 40
③ 5 × 7 = 35　④ 5 × 6 = 30
⑤ 5 × 5 = 25　⑥ 5 × 4 = 20
⑦ 5 × 3 = 15　⑧ 5 × 2 = 10
⑨ 5 × 1 = 5　すごい！

② しんちゃんたちが いる ところの 数を 書きましょう。

×	1	2	3	4	5	6	7	8	9
5	5	5	10		20		30		45
		15		25		35		40	

16ページ

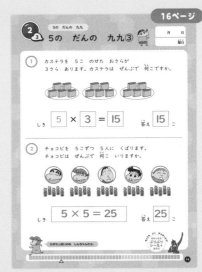

2 ③ 5の だんの 九九③

① カステラを 5こ のせた おさらが 3さら あります。カステラは ぜんぶで 何こですか。
しき 5 × 3 = 15　答え 15 こ

② チョコビを 5こずつ 5人に くばります。チョコビは ぜんぶで 何こ いりますか。
しき 5 × 5 = 25　答え 25 こ

18ページ

3 ① 2の だんの 九九①

① かけ算を しましょう。
① 2 × 1 = 2　② 2 × 2 = 4
③ 2 × 3 = 6　④ 2 × 4 = 8
⑤ 2 × 5 = 10　⑥ 2 × 6 = 12
⑦ 2 × 7 = 14　⑧ 2 × 8 = 16
⑨ 2 × 9 = 18　その ちょうし！

② □に あてはまる 数を 書きましょう。
2×1→ 2　2×2→ 4　2×3→ 6　2×4→ 8　2×5→ 10
2×6→ 12　2×7→ 14　2×8→ 16　2×9→ 18

19ページ

3 ② 2の だんの 九九②

① □に あてはまる 数を 書きましょう。
① 2 × 9 = 18　② 2 × 8 = 16
③ 2 × 7 = 14　④ 2 × 6 = 12
⑤ 2 × 5 = 10　⑥ 2 × 4 = 8
⑦ 2 × 3 = 6　⑧ 2 × 2 = 4
⑨ 2 × 1 = 2　きみなら できる！

② しんちゃんたちが いる ところの 数を 書きましょう。

×	1	2	3	4	5	6	7	8	9
2	2	2	6	8		12		18	
		4		10		14		16	

20ページ

3 ③ 2の だんの 九九③

① 公園に 2人 すわれる いすが 3つ あります。ぜんぶで 何人 すわれますか。
しき 2 × 3 = 6　答え 6 人

② しんちゃんが シロと 毎日 2時間 さんぽを しました。7日 つづけると ぜんぶで 何時間に なりますか。
しき 2 × 7 = 14　答え 14 時間

22ページ

4 ① 3の だんの 九九①

① かけ算を しましょう。
① 3 × 1 = 3　② 3 × 2 = 6
③ 3 × 3 = 9　④ 3 × 4 = 12
⑤ 3 × 5 = 15　⑥ 3 × 6 = 18
⑦ 3 × 7 = 21　⑧ 3 × 8 = 24
⑨ 3 × 9 = 27　すごいね！

② □に あてはまる 数を 書きましょう。
3×1→ 3　3×2→ 6　3×3→ 9　3×4→ 12　3×5→ 15
3×6→ 18　3×7→ 21　3×8→ 24　3×9→ 27

23ページ

4 ② 3の だんの 九九②

① □に あてはまる 数を 書きましょう。
① 3 × 9 = 27　② 3 × 8 = 24
③ 3 × 7 = 21　④ 3 × 6 = 18
⑤ 3 × 5 = 15　⑥ 3 × 4 = 12
⑦ 3 × 3 = 9　⑧ 3 × 2 = 6
⑨ 3 × 1 = 3　やるじゃない！

② しんちゃんたちが いる ところの 数を 書きましょう。

×	1	2	3	4	5	6	7	8	9
3	3	3	6		15	18		24	
		9		12		21		27	

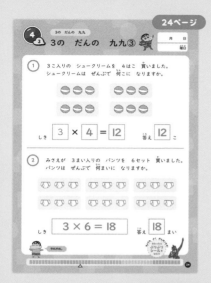

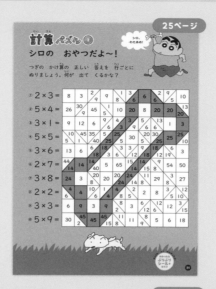

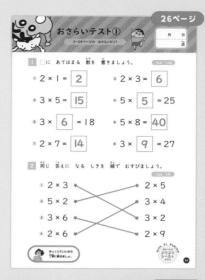

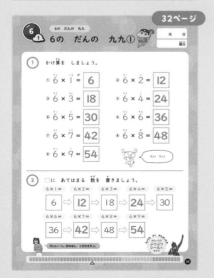

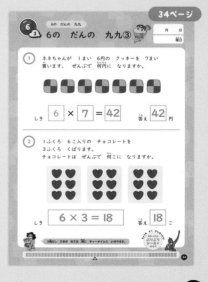

7① 7の だんの 九九① 月 日

① かけ算を しましょう。

① $7 \times 1 = 7$　② $7 \times 2 = 14$

③ $7 \times 3 = 21$　④ $7 \times 4 = 28$

⑤ $7 \times 5 = 35$　⑥ $7 \times 6 = 42$

⑦ $7 \times 7 = 49$　⑧ $7 \times 8 = 56$

⑨ $7 \times 9 = 63$　ファイトー！

② □に あてはまる 数を 書きましょう。

7×1=　7×2=　7×3=　7×4=　7×5=
7 ⇒ 14 ⇒ 21 ⇒ 28 ⇒ 35

7×6=　7×7=　7×8=　7×9=
42 ⇒ 49 ⇒ 56 ⇒ 63

7② 7の だんの 九九② 月 日

① かけ算を しましょう。

① $7 \times 9 = 63$　② $7 \times 8 = 56$

③ $7 \times 7 = 49$　④ $7 \times 6 = 42$

⑤ $7 \times 5 = 35$　⑥ $7 \times 4 = 28$

⑦ $7 \times 3 = 21$　⑧ $7 \times 2 = 14$

⑨ $7 \times 1 = 7$　りっぱですね！

② しんちゃんたちが いる ところの 数を 書きましょう。

×	1	2	3	4	5	6	7	8	9
7	7	14		28		42		56	

21　35　49　63

7③ 7の だんの 九九③ 月 日

① お花紙を 7まいずつ 4人に くばりました。
ぜんぶで 何まい くばりましたか。

しき $7 \times 4 = 28$　答え 28 まい

② 1つの かごに ジュースが 7本 入って います。
みさえが 2かご 買いました。
ジュースは ぜんぶで 何本 ありますか。

しき $7 \times 2 = 14$　答え 14 本

計算パズル❷
母ちゃんから にげろ！

しんちゃんが みさえの だいじな ネックレスを
なくしちゃった。7の だんの 九九の 答えを 通って、
みさえから にげよう。ただし、ななめには すすめないよ。

スタート					
7	2	8	45	1	30
14	20	10	15	54	32
35	21	40	3	12	72
9	28	56	63	6	24
4	81	5	7	21	18
36	16	64	25	49	42

ゴール

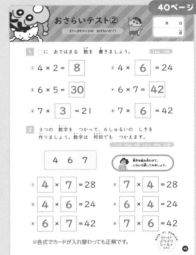

おさらいテスト②

① □に あてはまる 数を 書きましょう。

① $4 \times 2 = 8$　② $4 \times 6 = 24$

③ $6 \times 5 = 30$　④ $6 \times 7 = 42$

⑤ $7 \times 3 = 21$　⑥ $7 \times 6 = 42$

② 3つの 数字を つかって、6しゅるいの しきを
作りましょう。数字は 何回でも つかえます。

4 6 7

① $4 \times 7 = 28$　② $7 \times 4 = 28$

③ $4 \times 6 = 24$　④ $6 \times 4 = 24$

⑤ $6 \times 7 = 42$　⑥ $7 \times 6 = 42$

※各式で カードが 入れ替わっても 正解です。

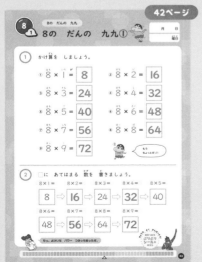

8① 8の だんの 九九① 月 日

① かけ算を しましょう。

① $8 \times 1 = 8$　② $8 \times 2 = 16$

③ $8 \times 3 = 24$　④ $8 \times 4 = 32$

⑤ $8 \times 5 = 40$　⑥ $8 \times 6 = 48$

⑦ $8 \times 7 = 56$　⑧ $8 \times 8 = 64$

⑨ $8 \times 9 = 72$

② □に あてはまる 数を 書きましょう。

8×1=　8×2=　8×3=　8×4=　8×5=
8 ⇒ 16 ⇒ 24 ⇒ 32 ⇒ 40

8×6=　8×7=　8×8=　8×9=
48 ⇒ 56 ⇒ 64 ⇒ 72

8② 8の だんの 九九② 月 日

① □に あてはまる 数を 書きましょう。

① $8 \times 9 = 72$　② $8 \times 8 = 64$

③ $8 \times 7 = 56$　④ $8 \times 6 = 48$

⑤ $8 \times 5 = 40$　⑥ $8 \times 4 = 32$

⑦ $8 \times 3 = 24$　⑧ $8 \times 2 = 16$

⑨ $8 \times 1 = 8$

② しんちゃんたちが いる ところの 数を 書きましょう。

×	1	2	3	4	5	6	7	8	9
8	8	8		24		40		56	72

16　32　48　64

8③ 8の だんの 九九③ 月 日

① ピザを 6人で 8切れずつ 食べました。
ぜんぶで 何切れ 食べましたか。

しき $8 \times 6 = 48$　答え 48 切れ
かけられる数は
8人。

② 風間くんは 毎日 8ページ べん強を しました。
7日で 何ページ べん強しましたか。

しき $8 \times 7 = 56$　答え 56 ページ

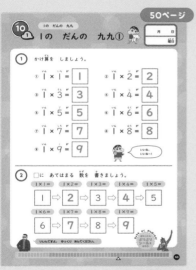

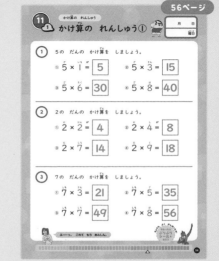

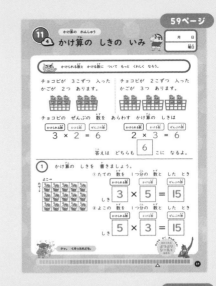
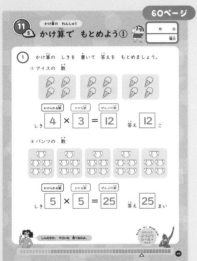
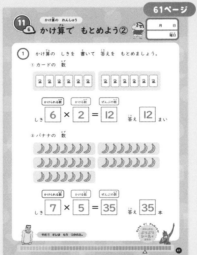
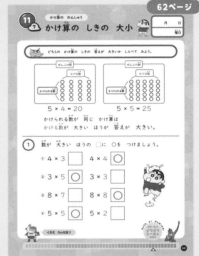

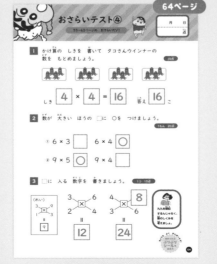

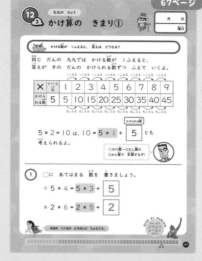

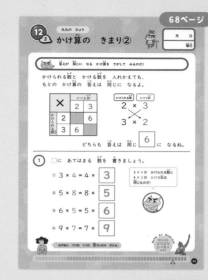

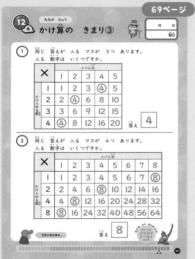

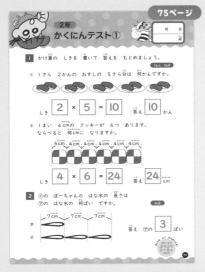

2年 かくにんテスト① 75ページ ［月 日 点］

1 かけ算の しきを 書いて 答えを もとめましょう。

① 1さら 2こかんの おすしの 5さら分は 何かんですか。

しき ［2］×［5］=［10］ ［10］かん

② 1まい 4cmの クッキーが 6つ あります。
ならべると 何cmに なりますか。

4cm 4cm 4cm 4cm 4cm 4cm

しき ［4］×［6］=［24］ 答え ［24］cm

2 ⑦の ぼーちゃんの はな水の 長さは ⑦の はな水の 何ばいですか。 40点

7cm 7cm 7cm

答え ⑦の ［3］ばい

2年 かくにんテスト② 76ページ ［月 日 点］

1 □に あてはまる 数を 書きましょう。 1もん 30点

① 7×1=［7］ ⇒ 7×2=［14］ ⇒ 7×3=［21］ ⇒ 7×4=［28］ ⇒ 7×5=［35］

② 4×9=［36］ ⇒ 4×8=［32］ ⇒ 4×7=28 ⇒ 4×6=［24］ ⇒ 4×5=20

③ 5×1=［5］ ⇒ 5×3=［15］ ⇒ 5×5=25 ⇒ 5×7=［35］ ⇒ 5×9=45

2 しんちゃんたちが いる ところの 数を 書きましょう。 1つ 10点

×	1	2	3	4	5	6	7	8
かけられる数 8	8	16	24	32		48		64

24 40 56 72

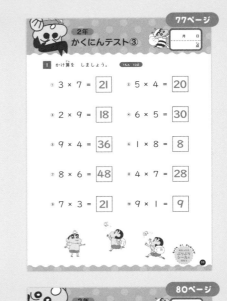

2年 かくにんテスト③ 77ページ ［月 日 点］

1 かけ算を しましょう。 1もん 10点

① 3×7=［21］   ② 5×4=［20］

③ 2×9=［18］   ④ 6×5=［30］

⑤ 9×4=［36］   ⑥ 1×8=［8］

⑦ 8×6=［48］   ⑧ 4×7=［28］

⑨ 7×3=［21］   ⑩ 9×1=［9］

2年 かくにんテスト④ 78ページ ［月 日 点］

1 かけ算を しましょう。 1もん 10点

① 6×3=［18］   ② 4×4=［16］

③ 1×7=［7］   ④ 7×9=［63］

⑤ 5×2=［10］   ⑥ 8×6=［48］

⑦ 3×8=［24］   ⑧ 9×7=［63］

⑨ 2×6=［12］   ⑩ 6×5=［30］

2年 かくにんテスト⑤ 79ページ ［月 日 点］

1 サツマイモが 3こ ついた ツルを 6本 ぬきました。ぜんぶで 何こ とれました。 30点

しき ［3×6=18］ 答え ［18］こ

2 風間くんは 毎日 1時間 走って います。7日目には ぜんぶで 何時間 走った ことに なりますか。 30点

しき ［1×7=7］ 答え ［7］時間

3 8こ入りの たまごの パックが 4つ あります。たまごは ぜんぶで 何こですか。 40点

しき ［8×4=32］ 答え ［32］こ

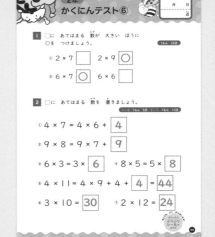

2年 かくにんテスト⑥ 80ページ ［月 日 点］

1 □に あてはまる 数が 大きい ほうに ○を つけましょう。 1もん 25点

① 2×7［ ］ 2×9［○］

② 6×7［○］ 6×6［ ］

2 □に あてはまる 数を 書きましょう。 シート1 1もん 5点 シート2 1もん 10点

① 4×7=4×6+［4］

② 9×8=9×7+［9］

③ 6×3=3×［6］   ④ 8×5=5×［8］

⑤ 4×11=4×9+4+［4］=［44］

⑥ 3×10=［30］   ⑦ 2×12=［24］

修了証

あなたは 「クレヨンしんちゃん 算数ドリル 小学2年生 かけ算」の 学習を がんばり、かけ算の 九九を マスターした ことを 証します。

・・・・・・・・・・・・・・・・・・ さん

ここに 修了シールを はろう!
たいへん よく できました!

年　　月　　日